LA MOXIBUSTIÓN Y SU USO EN LA VERSIÓN FETAL

MANUAL PARA MATRONAS Y PERSONAL SANITARIO

Patricia Álvarez Holgado

Gustavo A. Silva Muñoz

Mª Luisa Alcón Rodríguez

LA MOXIBUSTIÓN Y SU USO EN LA VERSIÓN FETAL

MANUAL PARA MATRONAS Y PERSONAL SANITARIO

© Autores: Patricia Álvarez Holgado, Gustavo A. Silva Muñoz, Mª Luisa Alcón Rodríguez

© Por los textos: Servando J. Cros Otero, Estefanía Castillo Castro, Mª José Barbosa Chaves, Tatiana Álvarez Holgado.

28 de Octubre de 2012

ISBN: 978-1-291-15519-8

1ª Edición

Impreso en España / Printed in Spain

Publicado por Lulú

INDICE:

CAPÍTULO 1..................................9

Introducción y conceptos sobre Moxibustión

Autores: Patricia Álvarez Holgado, Servando J. Cros Otero, Estefanía Castillo Castro.

CAPÍTULO 2..................................17

Teoría tradicional oriental

Autores: Gustavo A. Silva Muñoz, Mª José Barbosa Chaves, Servando J. Cros Otero.

CAPÍTULO 3..................................23

Método de aplicación de la Moxa en V-67 o BL-67

Autores: Mª Luisa Alcón Rodríguez, Estefanía Castillo Castro, Mª José Barbosa Chaves

CAPÍTULO 4..26

Teoría actual occidental y Evidencia Científica

Autores: Patricia Álvarez Holgado, Servando J. Cros Otero, Estefanía Castillo Castro.

CAPÍTULO 5..33

Contraindicaciones de la Moxibustión en el embarazo

Autores: Patricia Álvarez Holgado, Mª Luisa Alcón Rodríguez, Tatiana Álvarez Holgado.

CAPÍTULO 6..36

Protocolo de actuación del uso de la Moxibustión para promover la versión fetal

Autores: Gustavo A. Silva Muñoz, Tatiana Álvarez Holgado, Mª José Barbosa Chaves.

BIBLIOGRAFÍA……………………………….40

CAPÍTULO 1:

Introducción y conceptos sobre Moxibustión

Entre el 3 y el 4% de las gestaciones llegan a término con el feto en presentación podálica. (Yahya et al, 1998; Shennan y Brewley, 2001).

Las **causas de la presentación podálica** que has sido descritas son las siguientes:

- Placenta previa, gestación múltiple, anomalías uterinas, tono uterino pobre (Coyle et al, 2002; Ulander et al, 2004).
- Oligohidroamnios, polihidramnios, tumores y fibromas, pelvis contracturada (Banks, 1998, Collins et al, 2007).
- Cordón umbilical corto, crecimiento intrauterino retardado y defectos congénitos (Albrechtsen y Irgens, 2002; Sibony et al, 2003).

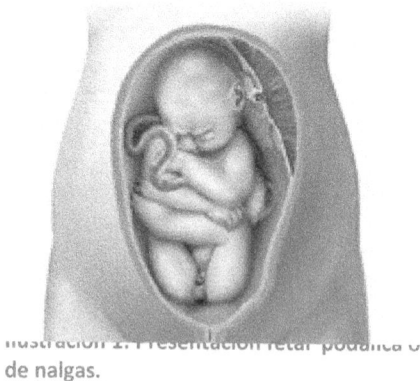

Ilustración 1. Presentación fetal podálica o de nalgas.

En el caso de las presentaciones podálicas, el enfoque del parto crea controversia entre los profesionales de la obstetricia.

La única opción válida parece ser esperar a que el feto gire espontáneamente, y si llega a término plantear una cesárea electiva.

En algunos Hospitales se ofrece la técnica de la Versión Cefálica Externa (VCE), la cual no está libre de riesgos y no asegura la versión.

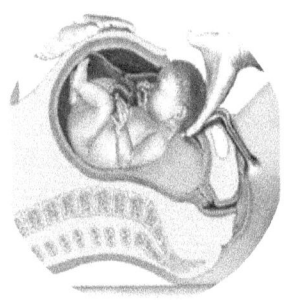
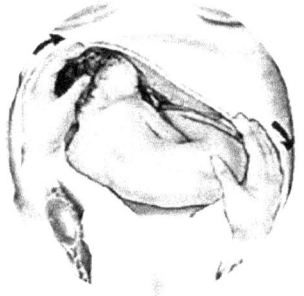

Ilustración 3: Extracción fetal mediante cesárea

Ilustración 2: Intento de Versión Cefálica Externa (VCE).

La moxibustión puede ser una opción más, siendo necesario demostrar su efectividad para poder implementarla como opción.

DEFINICIÓN:

La Moxibustión es una terapia de la **medicina oriental** que utiliza la raíz prensada de la planta altamisa o **artemisa** en combustión.

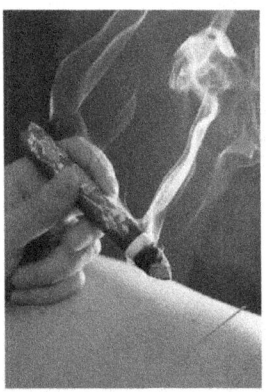

Juega un importante rol en los sistemas de medicina de China, Japón, Corea, Vietnam, Tíbet, Mongolia.

El 16 de noviembre de 2010, la Unesco declaró la moxibustión y la acupuntura china como **Patrimonio Cultural Inmaterial de la Humanidad.**

La OMS introduce la presentación podálica entre las patologías, los síntomas o las condiciones para las cuales la eficacia de la moxibustión ha sido probada a través de estudios clínicos controlados.

MÉTODOS DE APLICACIÓN:

- Puede ser aplicado de forma **indirecta o directa**, ambos de forma autónoma o para aumentar los beneficios de la acupuntura.

- La **moxibustión directa** produce una quemadura, por donde debe eliminarse el patógeno.
  La Moxa tiene propiedades germicidas, así que el riesgo de infección es mínimo cuando se quema la piel, pero es un método doloroso.

- Existe otro tipo de moxibustión directa, que se retira antes de que produzca quemadura.

- La **moxibustión indirecta** es la modalidad más contemporánea, común y práctica.

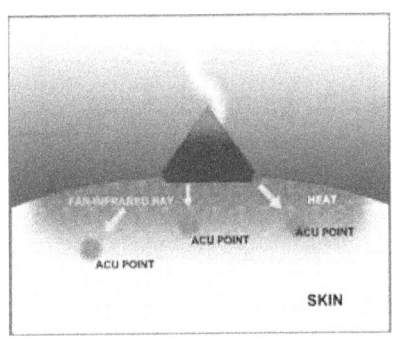
Ilustración 5: Moxibustión directa.

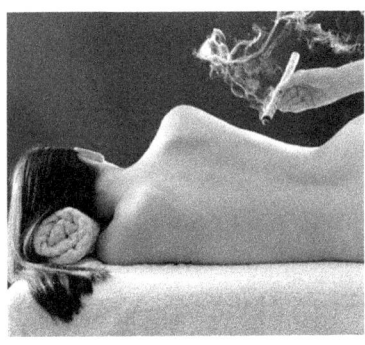
Ilustración 4: Moxibustión indirecta.

BREVE INTRODUCCIÓN HISTÓRICA:

La **moxibustión preventiva** es parte de la tradición china de "nutrir la vida". Se refiere a su aplicación con el objeto de proteger de enfermedades, fortalecer el cuerpo y desacelerar el proceso de envejecimiento.

El Primer uso registrado corresponde a la *Dinastía Jin* (265-419), a los escritos de Fan Wang en los que se describe la **"moxibustión de ataque"**.

Durante la *Dinastía Sui*, Chao Yuangfang fue partidario de **valorar e identificar los patrones de aplicación** de la moxibustión.

Durante la *Dinastía Tang*, Sun Simiao propuso la idea que las personas sanas con regularidad deben aplicarse la moxibustión para **prevenir** la enfermedad.

En la *Dinastía Song*, Dou Dou teorizó que podría retrasar el envejecimiento y alargar la vida útil.

Durante el período de las *Dinastías Ming y Qing*, la moxibustión preventiva se edificó sobre el fundamento de la experiencia anterior y continuó para avanzar en su desarrollo.

LA MOXA:

En sus diferentes formas, se compone de la planta Artemisa, previamente secada y convertida en polvo.

La *Artemisa Vulgaris* actúa como **emenagogo**; esto quiere decir que tiene la propiedad de estimular el flujo sanguíneo del área de la pelvis y el útero; y en algunos casos incluso fomentar la menstruación.

Ilustración 6: Artemisa Vulgaris.

Ilustración 7: Procesamiento de la Artemisa.

MODALIDADES DE MOXA:

1.- Conos de Moxa

2.- Hebras de Moxa

3.- Agujas de Moxa

4.- Quemador de Moxa

5.- Caja de Moxa

6.- Taza de Vientre

7.- Aislamientos: arcilla, jengibre, ajo, puerro, semillas de acónito, mostaza blanca, miso, vino o agua, sal, cáscara de mandarina y gasa.

8.- Palos de Moxa o Rollos de Moxa: con o sin humo

9.- Termo calentadores León/Tigre

10.- Moxa en spray y lámparas de TDP

11.- Moxas sueltas

12.- Moxa líquida

13.- Aparatos eléctricos de Moxa

14.- Moxa dulce.

CAPÍTULO 2:

Teoría tradicional oriental

El Qì o Chí (Bioelectricidad)

Literalmente «aire, aliento, disposición de ánimo»; es un principio activo que forma parte de todo ser vivo y que se podría traducir como **«flujo vital de energía»**.

El Qì es una energía que fluye continuamente por la Naturaleza, y **la interrupción de su libre flujo en el cuerpo es la base de los trastornos físicos y psicológicos.**

Ciertas disciplinas afirman que el ser humano puede controlar y utilizar esta energía, acrecentándola, acumulándola y distribuyéndola por todo el cuerpo o usarla en forma concentrada.

«La ciencia occidental no admite el concepto de Qì como un fenómeno real desde el momento que no resulta medible».

SISTEMA DE MERIDIANOS:

Podríamos definir los Meridianos como **caminos o autovías por las que circula la energía corporal** (Qì), y van de norte a sur en el cuerpo.

El cuerpo humano tiene doce Meridianos principales y ocho vasos por los que fluye el Qì.

Los Meridianos conectan las extremidades con los órganos internos:

- Pulmón
- Intestino Grueso
- Estómago
- Bazo-Páncreas
- Corazón
- Intestino Delgado
- **Vejiga**
- Riñón
- Pericardio
- Triple Calentador
- Vesícula Biliar/Hígado.

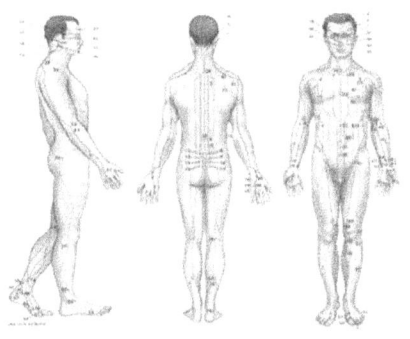

Ilustración 8: Meridianos

LOS PUNTOS «ACU-MOXA»

En chino **«Xué»: lugar del cuerpo en que la acupuntura y moxibustión puede aplicarse.**

En general se define como un agujero, cueva, sala, guarida o nido (Zhang, 1992 y Mathews, 1943), reflejando el hecho de que los puntos acu-moxa suelen encontrarse en depresiones o hendiduras entre los huesos o tendones y, como tal, tienen longitud, anchura y profundidad.

Los puntos son, pues, como **«nudos»** situados a lo largo de los conductos por donde circula la energía.

Según el Fengshui, estos puntos siguen la teoría del Yin para localizar y situar **las tumbas de los muertos**. Tienen la creencia de que según donde entierren a sus antepasados, así será la suerte de sus descendientes.

LOS 4 CRITERIOS PARA UBICAR LA XUÉ:

Debe ser una lugar donde el Qì quede condensado y no se disperse.

1.- Dragón verdadero: una cordillera de montañas/son los meridianos del cuerpo y las venas: es por donde fluye el Qì. Las montañas evitan que el viento disperse el Qì.

2.- Ojo de buey: es dar en el blanco, buscar el punto exacto.

3.- Abrazado por Arena: lo que hace contención, que soporta/ son los huesos, tendones y músculos.

4.- Rodeado de agua: el Qì se condensa/ en el cuerpo, esto es análogo a una zona donde haya carne adecuada para mantener una concentración de Qì.

«La energía de los meridianos puede ser influida por medio de la estimulación de sus puntos de comando y toda modificación del caudal de energía se transmite a los órganos con los cuales están conectados».

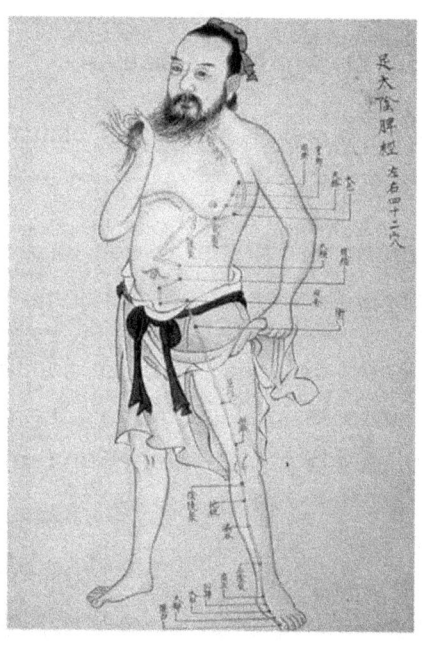

CAPÍTULO 3:

Método de aplicación de la Moxa en V-67 o BL-67

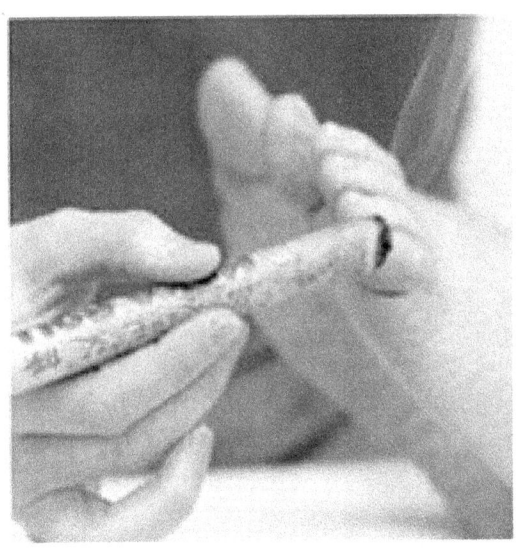

La aplicación de la Moxibustión sobre el punto **V-67** (BL-67 en inglés) se ha asociado a la versión fetal en presentación podálica.

Este punto, también conocido como Tché Yin o Zhiyin, pertenence al Meridiano Iang Vejiga (V), y se localiza en el lateral externo del dedo meñique del pie, por debajo de la uña.

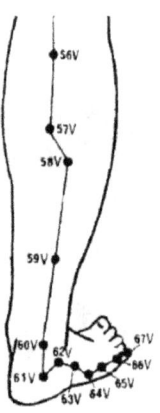

Fig. 13

Ilustración 9: Meridiano Vejiga.

La técnica consiste en aplicar la moxa indirectamente en ese punto, repitiéndolo según el protocolo que se lleve a cabo o hasta conseguir que el feto se gire.

Puede comenzar a usarse a partir de las 33 semanas de gestación, cuando la presentación podálica ha sido confirmada mediante ecografía.

La técnica no tiene efectos secundarios asociados, por lo que puede considerarse segura para la madre y el feto. Se debe tener especial cuidado para evitar quemaduras.

Es una técnica barata, no invasiva y no dolorosa.

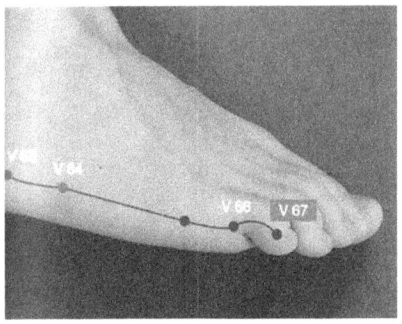

Ilustración 10: Punto V-67

CAPÍTULO 4:

Teoría actual occidental y Evidencia científica

Los estudios actuales evidencian el efecto beneficioso de la moxibustión para corregir la presentación fetal no cefálica, pero no consiguen explicar totalmente el mecanismo de acción de esta técnica.

Se han propuesto varias teorías:

- Que la moxibustión puede estimular la producción de estrógenos placentarios y prostaglandinas maternas, promoviendo la contracción uterina y la actividad fetal (Cooperative Research Group of Moxibustion Version of Jiangxi Province. 1984).

- Que la moxibustión causa un incremento en la producción de cortisol de la placenta, llevando a incrementar los movimientos fetales y la contractilidad uterina (Maciocia 1998).

- Que la moxibustión provoca la estimulación de las glándulas adrenales fetales a través de la respuesta de la vía adrenocortical por torrente sanguíneo materno. Esto hace que el feto incremente sus movimientos en los 7 minutos siguientes al comienzo del tratamiento (Maciocia, 2004).

Estimulación del punto V-67 con Moxibustión

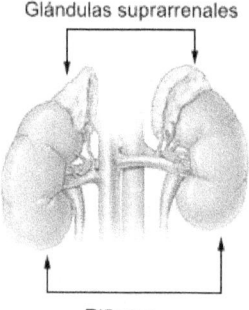

Glándulas suprarrenales

Riñones

Producción y liberación de Adrenalina al torrente sanguíneo

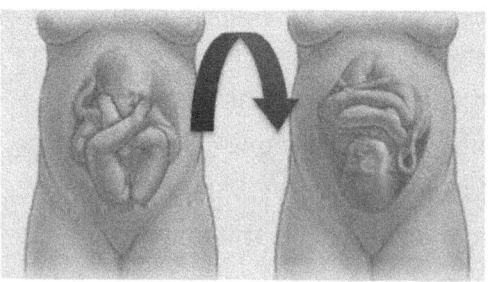

El feto recibe esta Adrenalina y se estimula su movimiento, aumentando sus posibilidades de rotar

Tras realizar una extensa revisión bibliográfica en las principales bases de datos pudimos concluir:

- La mortalidad perinatal, mortalidad neonatal o la morbilidad neonatal grave es significativamente mayor en los partos vaginales en presentación podálica que en las cesáreas electivas (Hannah et cols, 2000).

- Debemos tener en cuenta que la cesárea es una cirugía mayor mayor y también está asociado a riesgos para la salud, como dolor, infección, trombosis, dificultades para la LM y predisposición para una cesárea en el siguiente embarazo (Hillan, 1995). También supone un impacto negativo en los sentimientos y percepción de la madre en su experiencia del parto (Lobel and DeLuca, 2007).

- Cualquier mujer con un embarazo en podálica sin complicaciones podría prestarse a una **Versión Externa**. Esto **reduce la presentación podálica en el momento del parto y se asocia a una disminución en la tasa de cesáreas** (Hofmeyr and Kulier 2000). Sin embargo, este método también conlleva riesgos (McParland

and Farine 1996, Salani et al 2006) y muchas mujeres reportan que el procedimiento es doloroso (Fok et al 2005).

- Estudios en China han demostrado altas tasas de éxito, de entre el 74 y el 90% en versiones fetales con aplicación de moxas, comparado con la versión espontánea, que ocurre en un 47% sin aplicar tratamiento (Cardini and Weixin, 1998). A parte del riesgo de quemar la piel si la moxa se sostiene demasiado cerca, no se han observado otros efectos adversos para la madre o su hijo (Milligan et al, 2003).

- La moxibustión mejora la oportunidad de parto vaginal para las gestantes. En estes estudio, de las mujeres que tuvieron éxito en el tratamiento, el 88% tuvo un parto vaginal y el 12% una cesárea. La moxibustión también incrementa significativamente la versión fetal cuando se comunicaron menos efectos secundarios, si la gestante era multípara y si tenía apoyo durante la aplicación del tratamiento (Manyande et al., 2009).

- No se han detectado alteraciones del bienestar materno o fetal, o efectos secundarios asociados a la moxibustión aplicada sobre BL 67 para la versión cefálica de la presentación podálica fetal. La moxibustión parece ser segura para el binomio madre-hijo (Guittier et al., 2008).

- La moxibustión parece ser bien tolerada, segura, no invasiva, no dolorosa y da a la mujer otra opción frente a la VCE (Ewies and Olah, 2002; Budd, 2000). Esta técnica se ha aplicado en gestantes de entre 33 y 37 semanas, con una tasa de éxito del 85 al 90% (Cardini and Weixan, 1998).

- *«La Moxibustión en el punto BL-67 ha demostrado tener un efecto positivo, ya sea usada sola o en combinación con acupuntura o medidas posturales (genupectoral), en comparación con la observación o medidas posturales solas para la corrección de la presentación podálica; aunque estos resultados deben ser tratados con cautela, dada la considerable heterogeneidad de los estudios»* (Vas et al, 2009).

- El uso de la moxibustión supone una reducción en el número de cesáreas realizadas, y por tanto, un ahorro económico. En un estudio se estimó que el ahorro medio de costes sería de 451 € por mujer. El análisis demostró que si se ofreciera la moxibustión y se cumpliera al menos en un 16%, esta sería menos costosa y más eficaz que tener una conducta expectante (Berga et al., 2010).

CAPÍTULO 5:

Contraindicaciones de la Moxibustión en el embarazo

En ningún caso debe aplicarse a los puntos en el torso por debajo del ombligo de la embarazada, ni en los puntos estándar prohibidos en acupuntura durante el embarazo ya que esto puede dar lugar a aborto.

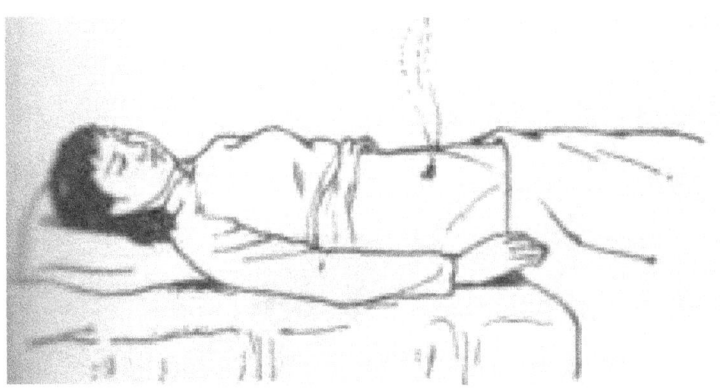

En general, la cara debe ser evitada debido a la relativa delicadeza de la piel, y la proximidad del calor, el humo, y la llama al cabello, la nariz y los ojos. El olor de la moxa también puede ser nocivo para los pacientes con trastornos respiratorios.

Estos son, según Bachmann, los puntos contraindicados en el embarazo:

- ✓ Primer mes: 2 BP, 2 H.
- ✓ Segundo mes: 34 VB.
- ✓ Tercer mes: 8 CS.
- ✓ Cuarto mes: 4 TU, 10 TR, 6 CS.
- ✓ Quinto mes: 9 H.
- ✓ Sexto mes: 40 E, 45 E, 10 iG.
- ✓ Séptimo mes: 7 P, 11 P.
- ✓ Octavo mes: intestino grueso, 1, 2, 10, 11.
- ✓ Noveno mes: 4 iG; riñón, 1, 2, 7.
- ✓ En general: 36 E

CAPÍTULO 6:

Protocolo de actuación del uso de la Moxibustión para promover la versión fetal

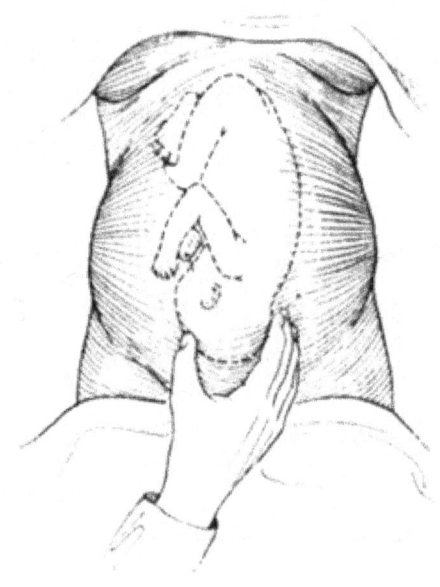

- Aplicación en gestantes con presentación fetal podálica confirmada, sin contraindicaciones y no menos de 33 semanas de gestación.

- La mujer y su pareja/acompañante deben ser instruidos en el uso de la moxibustión.

- Debe asesorarse como encender la moxa, como realizar el tratamiento y como apagar la moxa.

- Deben suministrarse las moxas, una manta ignifuga y material para extinguir la moxa.

- El tratamiento requiere que el acompañante encienda la moxa y lo mantenga en el punto BL-67 en ambos pies durante 15 minutos.

- Debe hacerse dos veces al día durante 7 días.

- Debe ofrecerse apoyo continuo durante el tratamiento.

- Debe repetirse la ecografía para confirmar la versión.

- Si la moxibustión es exitosa, puede ofrecerse la VCE o discutir el tipo de parto (parto de nalgas o cesárea).

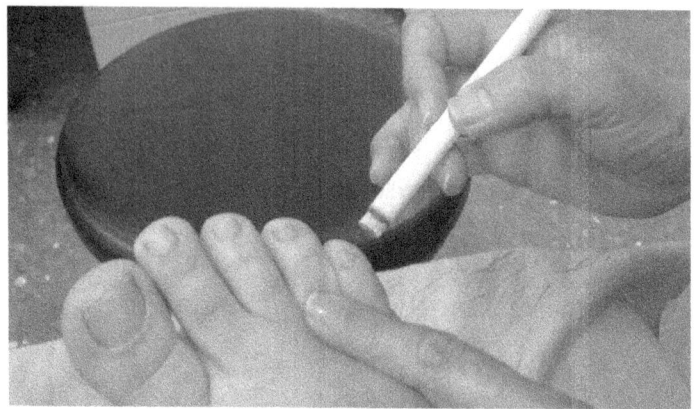

Ilustración 11: Punto V-67 o BL-67. La moxa debe aplicarse sin llegar a tocar la piel, para evitar quemaduras.

Ilustración 12: Moxas de artemisa para realizar la técnica.

Ilustración 13: Materiales necesarios: tensiómetro para tomar la tensión arterial materna antes y tras la técnica; Doppler fetal para escuchar el latido cardiaco fetal antes, durante y tras la realización de la técnica; gel para El Doppler; moxas y encendedor.

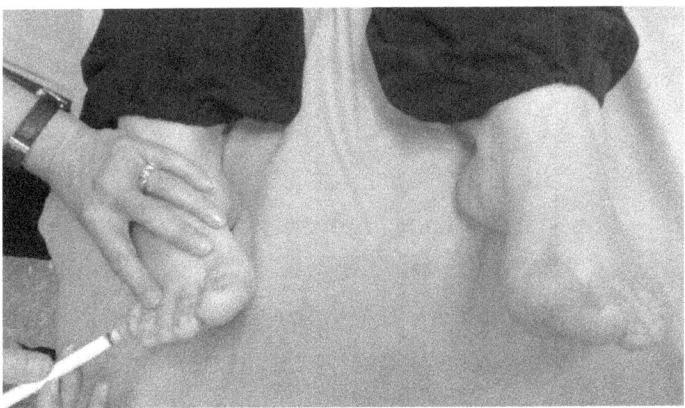

Ilustración 14: Debe realizarse la técnica alternando en ambos pies, cambiando de pie cuando pasen 3-4 minutos o la gestante indique que se encuentra molesta con el calor de la moxa.

BIBLIOGRAFÍA

1. A history of preventive moxibustion. Lorriane Wilcox. Journal of Chinese Medicine, number 77, February 2005.

2. ¿Qué es un "punto acu-moxa"? Lorraine Wilcox. Journal of Chinese Medicine, number 80, February 2006.

3. David J Sussmann. Acupuntura. Teoría y práctica. 8ª Edición.

4. Skya abbate. An overview of the therapeutic application of moxibustión. Journal of Chinese Medicine number 69 June 2002.

5. Mary Mitchell, Katherine Allen. Breech presentation and the use of Moxibustion. The Practising Midwife. Vol 11, No 5. May 2008.

6. Coste-efectividad de la versión fetal en podálica con intervenciones del tipo de acupuntura en BL 67, incluyendo moxibustión, para mujeres con fetos en podálica a las 33 semanas de gestación: un modelo de enfoque. Ineke van den Berga, Guido C. Kaandorpa, Johanna L. Boscha, Johannes J. Duvekotc, Lidia R. Arendsd, M.G. Myriam Huninka.

Complementary Therapies in Medicine (2010) 18, 67—77.

7. Efectividad y coste-efectividad de la versión podálica mediante Acumoxa comparada con los cuidados estándar. Berg van den I et al. Focus on Alternative and Complementary Therapies. Volume 11, Issue Supplement s1, page 5, December 2006.

8. ¿Cómo funciona la Moxibustión Científicamente? Yin Lo, PhD. Acupunture Today. February 2005, Vol. 06, Issue 02.

9. Atlas Gráfico de Acupuntura Seirin. Representación de los puntos de acupuntura. Yu-Lin Lian, Chun-Yan Chen, Michael Hammes, Bernard C. Kolster. Ed. Könemann. ISBN: 3833118911. 2005.

10. Palos de Moxa: Propiedades Térmicas y posibles implicaciones para estudios clínicos. D. Pach, B. Brinkhaus, S.N. Willich. Complementary Therapies in Medicine (2009) 17, 243—246.

11. Cesárea electiva frente a parto vaginal planeado para la presentación podálica a término: un ensayo aleatorio multicéntrico.

Mary E Hannah, Walter J Hannah, Sheila A Hewson, Ellen D Hodnett, Saroj Saigal, Andrew R Willan. The Lancet 2000; 356: 1375–83.

12. Factores que influyen en el éxito de la moxibustión en el tratamiento de la presentación podálica como tratamiento previo a la versión cefálica externa. Anne Manyande et al. Midwifery 25(2009)774–780.

13. Efectos secundarios de la Moxibustión para la Versión Cefálica de la Presentación Fetal Podálica. Marie-Julia Guittier et al. The Journal of Alternative and Complementary Medicine. Volume 14, Number 10, 2008, pp. 1231–1233.

14. Estudio exploratorio de las experiencias y puntos de vista de las mujeres con tratamiento de moxibustión para la versión cefálica en fetos con presentación podálica. Mary Mitchella, Katherine Allen. Complementary Therapies in Clinical Practice (2008) 14, 264–272.

15. Parto de Nalgas: revisión de la evidencia para la VCE y la Moxibustión. Steen M, Kingdon C. (2008). Evidence Based Midwifery 6(4): 126-129.

16. Moxibustión y otros métodos de estimulación de puntos de acupuntura para tratar la presentación podálica: una revisión sistemática de estudios clínicos. Xun Li et al. Chinese Medicine 2009, 4:4 doi: 10.1186/1749-8546-4-4.

17. Corrección de la presentación no cefálica con moxibustión: una revisión sistemática y meta-análisis. Jorge Vas et al. American Journal of Obstetrics and Gynecology. Septiembre 2009.

18. http://es.wikipedia.org/wiki/Moxibusti%C3%B3n

19. http://es.wikipedia.org/wiki/Q%C3%AC

www.ingramcontent.com/pod-product-compliance
Lightning Source LLC
Chambersburg PA
CBHW070433180526
45158CB00017B/1155